Sitzungsberichte
der Akademie der Wissenschaften
der DDR
Mathematik — Naturwissenschaften — Technik

Jahrgang 1990 · Nr. 2/N

Günter Flach

Klaus Fuchs - Sein Erbe bewahren

Karl Rambusch

Die Kernenergie in der Welt und in der DDR

AKADEMIE-VERLAG BERLIN
1990

Akademisches Kolloquium der Klasse Physik
der Akademie der Wissenschaften der DDR
zum Gedenken an Akademiemitglied Klaus Fuchs
am 19. Januar 1989

Herausgegeben im Auftrage
des Präsidenten der Akademie
der Wissenschaften der DDR
von Vizepräsident Prof. Dr. Hans-Heinz Emons

ISBN 3-05-500830-8
ISSN 0138-3965
Erschienen im Akademie-Verlag Berlin, Leipziger Straße 3–4, DDR-1086

Printed in the German Democratic Republic
Gesamtherstellung: Druckhaus Köthen GmbH
LSV 1175
Bestellnummer: 764 13 74 (2010/90/2/N)

Inhalt

Günter Flach

Klaus Fuchs* — Sein Erbe bewahren

„Klaus Fuchs war ein hervorragender theoretischer Physiker und Wissenschaftsorganisator. Mit seinem Namen sind bedeutende Leistungen auf dem Gebiet der Festkörperphysik, Kernphysik, Thermodynamik, Relativitätstheorie und Quantenfeldtheorie, die Entwicklung der Kerntechnik und weiterer Schlüsseltechnologien in der DDR verbunden. Durch den Faschismus zur Emigration gezwungen, beendete Klaus Fuchs sein Studium in Edinburgh bei Max Born und arbeitete bis 1950 an englischen und amerikanischen Kernforschungszentren. Wegen seines selbstlosen Auftretens gegen den amerikanischen Kernwaffenmonopolismus wurde er angeklagt und verbüßte in England eine 9jährige Kerkerhaft.

Klaus Fuchs stellte danach als stellvertretender Direktor des Zentralinstituts für Kernforschung, als Leiter des Forschungsbereiches Physik, Kern- und Werkstoffwissenschaften, als Hochschullehrer und Leiter wissenschaftlicher Gremien seine ganze Kraft in den Dienst der sozialistischen Gesellschaft in der DDR. Er war Mitglied des Zentralkomitees der SED und Träger höchster Auszeichnungen." [1]

Diese sechs Sätze aus dem 1988er Jahrbuch unserer Akademie könnten die Kapitelüberschriften aus der Biographie von Klaus Fuchs sein, einer „außergewöhnlichen Persönlichkeit, die sich große Verdienste um das Ansehen unserer Republik erwarb und unermüdlich für das Aufblühen von Forschung und Technik zum Wohle des Volkes wirkte", eines „herausragenden Wissenschaftlers und standhaften Kommunisten, der vorbildlich dem humanistischen Auftrag des Forschers folgte, daß Wissenschaft allein dem Zweck zu dienen habe, die Mühseligkeit des menschlichen Daseins zu erleichtern". [2]

Aber diese Biographie hat Klaus Fuchs „nur" gelebt, nie war ihm die Zeit gegeben, sie aufzuschreiben. Nun ruht auf uns, seinen Mitstreitern und Schülern, die hohe Verpflichtung, das Erbe von Klaus Fuchs neu zu entdecken, es zu bewahren und an kommende Generationen weiterzugeben.

Gestatten Sie mir, hierzu einige kritische Anmerkungen zu machen.

Es wäre wohl verfehlt, gerade vor Physikern eine Würdigung von Klaus Fuchs nur unter dem Aspekt seiner wissenschaftlichen Leistungen auf dem Gebiete der Physik zu versuchen. So ließe er sich nicht begreifen. Die Erforschung seiner Persönlichkeit

* verstorben am 28. Januar 1988 in Berlin

darf keine einzige Seite seines Lebens und Wirkens aussparen, wenn er weiterwirken soll. Ich gebe zu, daß wir bei solcher Erforschung von Klaus Fuchs erst am Anfang stehen. Die einfache Auflistung biographischer Daten in den Laudationes bei „runden" Geburtstagen, Auszeichnungen und Berufungen reicht heute nicht mehr aus.

Wie kam es denn zu den Entscheidungen, zu denen Klaus Fuchs immer neu herausgefordert war und die nicht nur sein eigenes wissenschaftliches Leben prägten, sondern eingriffen in wichtige politische Ereignisse dieses Jahrhunderts? Was bewegte den jungen Mann, der im kaiserlichen Deutschland kurz vor dem I. Weltkrieg als Sohn des bekannten progressiven Theologen Emil Fuchs geboren worden war, sich in der Weimarer Republik dem Kommunismus zuzuwenden? Welches waren die näheren Umstände, die ihn zwangen, vor den Nazis in andere imperialistische Länder zu fliehen, erst nach Frankreich, später nach England? Wie wurde er theoretischer Physiker bei den späteren Nobelpreisträgern Mott in Bristol und Born in Edinburgh? Wie kam er dazu, sich für die Mitwirkung an der Entwicklung der amerikanischen Atombombe zu entscheiden und, lange vor dem verbrecherischen Abwurf der ersten Bomben, gegen den amerikanischen Atombombenmonopolismus aktiv zu werden, um „das Gleichgewicht der Kräfte wiederherzustellen und einen Krieg zu verhindern", wie es ihm die Schöpfer des sowjetischen Films „Risiko-II" in den Mund legen? [3] Warum kehrt er nach dem II. Weltkrieg nach England zurück, wo ihm auf dem Höhepunkt des kalten Krieges ein Prozeß gemacht wird? Und wie kam es zu seiner Entscheidung, nach seiner langen Gefängnishaft im Jahre 1959 die junge DDR zur neuen Heimat zu wählen? Was brachte ihn schließlich hier dazu, den sicheren Hafen der theoretischen Physik mehr und mehr zu verlassen und tief einzugreifen in die gesellschaftlichen Prozesse unseres Landes, sich der Entwicklung von Kernenergetik und Mikroelektronik, der Wissenschaftsorganisation größter Kollektive, philosophischen Fragen und Problemen der Friedenserhaltung zu widmen?

Fragen über Fragen. Manche müssen wohl warten, bis die Historiker, besonders die Wissenschaftshistoriker, ihr Werk getan haben. Andere werden erst Antwort finden in der weiteren Entwicklung der Wissenschaften und der menschlichen Gesellschaft. Manchen wird vielleicht immer die Antwort versagt bleiben. Über Klaus Fuchs läßt sich schon aus den Schriften erfahren, die er über andere verfaßt hat. Es sind leider nur wenige. Die Treffsicherheit Fuchsscher Analyse und die warme Sympathie, die uns in diesen Schriften begegnen, lassen ahnen, daß etwas von jeder dieser Persönlichkeiten auch in Klaus Fuchs stecke. Es sind: Max Born, Frédéric Joliot-Curie, Igor Vasil'evič Kurčatov und Niels Bohr. [4]—[7]

Ich wende mich nun den wissenschaftlichen Originalarbeiten von Klaus Fuchs zu. Seine erste Abhandlung publizierte er 1935, im Alter von 23 Jahren, in den Proceedings of the Royal Society. Sie trägt den Titel „A Quantum Mechanical Investigation of Cohesive Forces of Metallic Copper." Auf dem Gebiete der Elektronentheorie der Metalle erscheinen dann bis 1942 weitere 5 Arbeiten, auf eine von ihnen komme ich später noch einmal zurück. Weitere 14 Arbeiten, teilweise gemeinsam mit Max Born, befassen sich mit Statistischer Mechanik, mit Relativitäts- und Quantenfeldtheorie und mit der Theorie des Atomkerns. Mit Rudolf Peierls, bei dem Klaus Fuchs 1941 bis 1943 in Birmingham arbeitete, sind keine gemeinsamen Publikationen entstanden.

Für die Zeit, in der Klaus Fuchs am Manhattan-Projekt mitarbeitete, fehlt uns die Übersicht über seine wissenschaftliche Tätigkeit. Gelegentlich wird ein Las-Alamos-Bericht von ihm zitiert. Doch ganz sicher haben die späteren, meist schon in der DDR veröffentlichten Arbeiten zur Reaktortheorie und zur Theorie des Neutronentransports ihre Wurzeln in dieser Periode.

In der Deutschen Demokratischen Republik setzt Klaus Fuchs dann, häufig mit jungen, von ihm erzogenen Ko-Autoren, die Arbeiten zur Atomkerntheorie, besonders zu den Symmetriecharakteren fort, bis schließlich Publikationen zu kernenergetischen, kerntechnischen, wissenschaftsorganisatorischen und philosophischen Fragen überwiegen.

Die hier vorgestellte Reihe von Problemkreisen ist keineswegs vollständig. Sie soll nur andeuten, wie umfassend das Spektrum Fuchsschen wissenschaftlichen Interesses gewesen ist.

Lassen Sie mich nochmals auf die frühen Arbeiten von Klaus Fuchs zurückkommen. Schon vor anderthalb Jahrzehnten haben Festkörperphysiker der DDR auf den Piocharakter dieser ein halbes Jahrhundert alten Arbeiten hingewiesen. Mit ihnen konnte erstmals das Konzept der theoretischen Festkörperphysik, nämlich die quantitative Berechnung von makroskopischen Werkstoffparametern ausgehend von den atomaren Eigenschaften für einige wichtige mechanische und thermische Größen für den Fall relativ einfacher Metalle verwirklicht werden.

Ganz besonders hervorzuheben ist die Arbeit „The Conductivity of Thin Metallic Films According to the Electron Theory of Metals" aus dem Jahre 1938 und publiziert in: Proceedings of the Cambridge Philosophical Society. Klaus Fuchs wies als erster nach, daß die Leitfähigkeit sehr dünner Schichten maßgeblich durch die Verringerung der mitteleren freien Weglänge wegen der Streuung an den Grenzflächen beeinflußt wird. Auf der Basis der Boltzmannschen Transportgleichung läßt sich hierfür eine relativ übersichtliche Formel ableiten, die diesen Weglängeneffekt berücksichtigt.

Nachdem 1952 Sondheimer diese Formel unter etwas allgemeineren Bedingungen gleichfalls ableiten konnte, wurden zahlreiche experimentelle Bestätigungen mit Hilfe der inzwischen verbesserten Dünnschichttechnik vorgenommen. Die Formel ist in zahlreiche Lehrbücher als „Fuchs-Sondheimer-Gleichung" eingegangen und bildet eine wichtige Grundlage für die Beschreibung der elektrischen Vorgänge in dünnen Schichten.

Diese Arbeit, die im Jahr der Entdeckung der Kernspaltung, 1938, veröffentlicht wurde, ist die höchstzitierte wissenschaftliche Publikation von Klaus Fuchs. Sie hat die tiefsten Spuren in der wissenschaftlichen Welt hinterlassen. Doch damit nicht genug: Niemals hatte meines Wissens eine andere Arbeit eines DDR-Wissenschaftlers vergleichbare Zitierraten aufzuweisen. Ich erinnere: Wenn eine wissenschaftliche Publikation in einem Jahr einmal mehr als 10—15 Zitierungen erreicht, muß sie als außerordentlich bedeutsam angesehen werden. Es gibt einige Arbeiten von DDR-Autoren, die diese Schwelle überschreiten konnten, meist nur kurzzeitig. Doch die erwähnte Arbeit von Klaus Fuchs wurde in den vergangenen 20 Jahren mehr als 600mal, also 30mal in jedem Jahr, zitiert, und zwar in so angesehenen Zeitschriften wie: Physica Status Solidi A und B, Surface Science, Thin Solid Films, Physical Review B und L, Žurnal éksperimental'noj i teoretičeckoj fiziki, Journal of Physics F, Fizika nizkich temperatur, Journal of Applied Physics, um nur einige zu nennen. Die Tendenz ist weiter steigend.

Ich bedauere sehr, daß diese Ergebnisse erst kurz vor meinem Vortrag bekannt wurden [8] und Klaus Fuchs zu Lebzeiten nichts vom Erfolg seiner nun 50 Jahre jungen Pionierarbeit erfahren konnte.

Vielleicht liegt hier der Schlüssel zu dem Phänomen, daß Klaus Fuchs, von vielen auf die Probleme der Kernenergetik, des Schnellen Brüters, der Reaktorsicherheit festgelegt, die er tatsächlich mit großer Intensität bearbeitete, sich jedoch mit der gleichen Intensität den Fragen der Entwicklung der Mikroelektronik in der DDR widmete. Klaus Fuchs war wohl einer der ersten, die in der Mikroelektronik den Schlüssel für die heraufziehende Revolutionierung der Informationstechnologien, für eine beispiellose, prinzipielle Veränderung der Stellung des Menschen im Produktionsprozeß erkannten. Und so fesseln ihn nach 1975 vor allem zwei Probleme: Einerseits widmet er sich dem Beitrag unserer Akademie zur schnellen Entwicklung einer eigenständigen und effektiven Mikroelektronikindustrie unseres Landes. Hierbei geht es um die Bestimmung des Vorlaufes für die Einhaltung des hohen Tempos der internationalen Entwicklung auch in unserem Land und um den Ausbau einer fruchtbaren Partnerschaft mit den gerade entstehenden industriellen Potentialen. Andererseits bewegen ihn zutiefst die zu erwartenden Wirkungen aus der Anwendung der Mikroelektronik. Mit der ihm eigenen Fähigkeit zu tiefgründiger Analyse erfaßt er sehr schnell die beiden neuralgischen Punkte. Die wissenschaftlich-technische Revolution in ihrer gegenwärtigen Phase und die komplexe Automatisierung „erzwingen die Verschmelzung von Physik und Technologie in der Physik der Artefakte". [9]

Zur Erläuterung seiner Auffassungen zitiere ich Klaus Fuchs aus einer Abhandlung des Jahres 1980: „Eines der großen Probleme, welches die moderne Produktion der Wissenschaft stellt, ist die Beherrschung von industriellen Anlagen und Produktionsprozessen durch Menschen, die den unmittelbaren Kontakt mit der Einzelmaschine verloren haben und nun einer komplexen Anlage gegenüberstehen, die einen hohen gesellschaftlichen Wert darstellt und möglichst schnell einem hocheffektiven Betrieb mit hoher technischer Sicherheit und zuverlässiger stabiler Produktion zugeführt werden muß. Solche Anlagen sind nur mit steigendem Automatisierungsgrad zu meistern. So entwickelt sich das Nervensystem solcher Anlagen in potenzierter Komplexität. Es muß ja nicht nur die Struktur der Anlage widerspiegeln, sondern auch die Wechselwirkungen zwischen dem Ablauf der verschiedenen Teilprozesse. Es muß sowohl automatisch wirkende Informationsbeziehungen innerhalb der Anlage herstellen, als auch verarbeitete verdichtete Information dem Anlagenfahrer zur Verfügung stellen.

Die Anforderungen an dieses Nervensystem haben die Entwicklung der BMSR-Technik geprägt. Die Verlegung des Arbeitsplatzes von der Maschine zur Schaltwarte mit Fernanzeige und Fernsteuerung, der Trend zur Zusammenfassung von Funktionsgruppen zur automatischen Registratur der Betriebsparameter einschließlich des Ablaufs von Störungen, zur Digitalisierung u.a. kennzeichnen den Weg. Mikroprozessoren, verteilte Intelligenz, automatische Fehlerortung, selbstreparierende Systeme, Datenbus und Lichtleiterinformationsübertragung charakterisieren Neuentwicklungen und Perspektiven. Sie kennzeichnen die Mannigfaltigkeit der Prozeß-Informationsbeziehungen innerhalb einer modernen industriellen Anlage, aber auch die Kompliziertheit der Strukturen, die zu ihrer Realisierung erforderlich sind.

Mir scheint, daß die physikalische Denkweise zur Lösung solcher Probleme beitragen muß. Das setzt natürlich voraus, daß wir auch in der Physik mit solch komplexen Ordnungsstrukturen fertig werden. Wichtig erscheint mir, daß der Herausbildung der Begriffe und Ordnungsprinzipien Aufmerksamkeit geschenkt wird, mit deren Hilfe die mathematische Modellierung den technologischen Intentionen untergeordnet und mit den physikalisch-technischen Realisierungsmöglichkeiten in Einklang gebracht werden kann." [10]

Hinzu initiiert Klaus Fuchs Forschungen auch an unserer Akademie, die sich, wie ich meine, bis weit in die 90er Jahre fortsetzen werden.

Und ein Zweites. Schon lange bewegt Klaus Fuchs die Rolle des Menschen im Produktionsprozeß. Natürlicherweise war sein Ausgangspunkt für viele Überlegungen das konkrete System „Kernkraftwerk", einerseits als ein langjähriger Arbeitsgegenstand, andererseits jedoch, weil hier das Mensch-Anlagen-Verhältnis und das Phänomen „Reaktorsicherheit" besonders eng verkoppelt sind. Auch hierzu ein Zitat: „Bei der exakten Bestimmung der Rolle des Menschen im Produktionsprozeß sind unsere Formulierungen naturgemäß präziser als die Aussagen im Kemeny-Report. Es geht nicht nur um verbessertes Training und bessere Qualifizierung der Anlagenfahrer für ihre Arbeit. Erforderlich ist eine höhere Qualifikation verbunden mit einer höheren Verantwortung der Belegschaft für die Effektivität und Sicherheit der Anlage und neuartige Beziehungen zwischen Wissenschaft und Produktion. Das entspricht voll den Zielstellungen der entwickelten sozialistischen Gesellschaft. Speziell auf uns Wissenschaftler kommt hier mit eindringlicher Schärfe die Forderung zu, in unserer Arbeit die sozialen Folgen einzubeziehen." [11]

Diese hier nur konturenhaft beschriebene Problematik beschäftigt Klaus Fuchs auch nach seiner Emeritierung im Jahre 1979. In wissenschaftlichen Räten, den Gremien unserer Akademie, kommt er immer wieder auf Fragen und Probleme dieser Art zurück, gibt er Anregungen für die Profilierung von Forschung und Produktion.

Seit dem Tode von Klaus Fuchs ist ein Jahr vergangen. In diesem Jahr ist vieles geschehen, was ihn gefreut hätte. Der Entspannungsprozeß in der Welt, zwar noch nicht unumkehrbar, ist vorangekommen. Die Gefahr eines Atomkrieges, gegen den sich Klaus Fuchs schon vor Abwurf der ersten Bomben, und immer wieder danach aktiv einsetzte, ist etwas geringer geworden. Eine endgültig friedliche Welt ist dank vieler Kämpfer für den Frieden wie Klaus Fuchs etwas näher gerückt.

In der Sowjetunion erschien ein Dokumentarfilm über die Entwicklung der Atombombe, Klaus Fuchs nimmt in diesem Film einen würdigen Platz ein. [3]

Zum ersten Male tauchte sein Name in den Zeitungen „Pravda“ und „Izvestija“ auf. [12]

Die Auseinandersetzung mit dem Erbe von Klaus Fuchs ist also in vollem Gange. Zukünftig wird wohl oft die Frage gestellt werden, was er mehr gewesen sei — Wissenschaftler oder Kommunist. Wir, seine Zeitgenossen, wissen, daß bei Klaus Fuchs beides untrennbar miteinander verbunden gewesen ist, wenn auch vermutlich mit der Zeit die Bedeutung des wissenschaftlichen Erbteils etwas zurücktreten mag und dafür die großen moralischen Qualitäten und Leistungen im Lichte bleiben werden, mit denen er die Geschichte dieses Jahrhunderts mitgeschrieben hat.

Dieses Wissen möglichst vielen Menschen zugänglich zu machen, wird der beste Weg sein, das Erbe von Klaus Fuchs dauerhaft zu bewahren.

Literatur

[1] Nachruf für Klaus Fuchs, vorgetragen auf dem Leibniz-Tag 1988 der AdW der DDR, in: Jahrbuch der AdW der DDR 1988, Akademie-Verlag Berlin 1989, S. 237.

[2] H. Weiz, Worte des Gedenkens auf der Trauerfeier des ZK der SED und des Ministerrates der DDR, in: Neues Deutschland vom 12. 2. 1988.

[3] Risiko-II. Sowjetischer künstlerisch-publizistischer Film des Regisseurs Dmitrij Barščevskij. Ausgestrahlt vom sowjetischen Fernsehen am 1. August 1988.

[4] K. Fuchs, Max Born zum 80. Geburtstag, in: Forschungen und Fortschritte **36** (1962) 12, S. 381–383.

[5] K. Fuchs, Frédéric Joliot-Curie — Wissenschaftler und Humanist, in: Kernenergie **23** (1980) 11, S. 369–371.

[6] K. Fuchs, Igor Vasil'evič Kurčatov, in: Berichte des Zentralinstituts für Isotopen- und Strahlenforschung (ZFI-Mitteilungen), Leipzig (1978) Nr. 17, S. 5–11.

[7] K. Fuchs, Zum 100. Geburtstag von Niels Bohr, in: Aus Arb. Plenum Kl. AdW DDR, Berlin **10** (1985) S. 15.

[8] M. Bonitz, Persönliche Mitteilung.

[9] Autorenkollektiv, Über einige Entwicklungsprobleme der Physik. Vortrag auf der Jahreshaupttagung der Physikalischen Gesellschaft der DDR, 1980 (Phys. Gesellsch. d. DDR, 1980, S. 13).

[10] Ebenda, S. 13–15.

[11] Ebenda, S. 19.

[12] G. Kapralov, I bol', i nadešda... (Schmerz und Hoffnung), Moskau, Pravda vom 3. 7. 1988.

V. Arsen'ev, „Risk-II“: neizvestnaja chronika jadernogo veka („Risiko-II“: unbekannte Chronik des Kernzeitalters), Moskau, Izvestija vom 9. 7. 1988.

Karl Rambusch

Die Kernenergie in der Welt und in der DDR

Wenn ich heute im Rahmen unseres Akademischen Kolloquiums zum Gedenken an Klaus Fuchs über die friedliche Nutzung der Kernspaltungsenergie berichte, so ist es wohl angebracht, an die Entdeckung der Atomkernspaltung vor 50 Jahren zu erinnern. War doch diese Entdeckung für Klaus Fuchs, für seine Arbeiten als Physiker, aber auch für sein Leben bestimmend.

Vor 50 Jahren, im Januar 1939, wurden, wie uns allen bekannt, die wichtigsten Ergebnisse und Erkenntnisse der über 40 Jahre betriebenen Atomforschung durch die Veröffentlichung von Hahn und Straßmann und der Interpretation von Meitner über Kernspaltung des Uran-Atomkernes veröffentlicht. Die Mitteilung über die Kernspaltung ging in kürzester Zeit um die Welt und löste eine große Anzahl von theoretischen Arbeiten und Experimenten aus.

Diese Entdeckung, ein Markstein oder Höhepunkt der chemisch-physikalischen Forschung, sollte so nachhaltige Wirkung haben, daß vom Atomzeitalter, Atompolitik, ja von der Notwendigkeit gesprochen wurde und wird, die Beziehungen und das Leben der Länder und Völker grundsätzlich neu zu gestalten.

Die Worte von Otto Hahn, die er anläßlich des Festvortragees zur Verleihung des Nobelpreises 1946 aussprach, „Die Energie kernphysikalischer Reaktionen ist in die Hand des Menschen gegeben. Soll sie ausgeübt werden für die Förderung freier wissenschaftlicher Erkenntnis, sozialen Aufbau und Erleichterung der Lebensbedingungen der Menschen oder soll sie mißbraucht werden zur Zerstörung dessen, was die Menschen in Jahrtausenden geschaffen haben? Die Antwort sollte nicht schwer fallen und wird wohl auch von den Wissenschaftlern der ganzen Welt im Sinne der ersteren Möglichkeit gewünscht“ sind doch Warnung, Weisung und Erkenntnis zugleich.

Die Nutzung der Entdeckung, besonders das Begreifen und Erkennen der ungeheuren Energiefreisetzung durch intensive Forschung und Entwicklungsarbeiten, der unmittelbar folgenden großtechnisch-industriellen Anlagen zur Gewinnung des Uranisotop 235 und von Plutonium, wurde im 1. Jahrzehnt nach der Entdeckung durch den Bau und die Anwendung der Atombombe geprägt.

1954 wurde durch die Inbetriebnahme des Demonstrationskernkraftwerkes von 5 MWe in der UdSSR die Nutzung der Spaltungsenergie des Atomkernes als neue Energiequelle für eine friedliche Nutzung der Weltöffentlichkeit bekannt.

Die erste internationale Atomkonferenz in Genf 1955 stellte die breite Palette der Nutzungsmöglichkeiten vor, weckte viele Illusionen und Spekulationen, die von UF_6-Motoren, Antrieben für Luft-, Land- und Wasserfahrzeugen, einer großen Anzahl von Kernkraftwerksentwürfen mit fantastischen Konstruktionen bis zu universellen Anwendungsmöglichkeiten in fast allen naturwissenschaftlichen Disziplinen reichte.

Tafel 1 Forschungs- und Versuchsreaktoren, die 1959 in Betrieb waren

Reaktor-Typen	Kurz-bez.	An-zahl	Mode-rator	Kühl-art	Anord-nung	Brennstoff
Schwimmbecken		33	H_2O	H_2O	hetrogen	20–90% U_{235}
Tank-Typ		19	H_2O	H_2O	hetrogen	10–90% U_{235}
Druckwasser	DWR	10	H_2O	H_2O	hetrogen	schwach bis hoch anger. U_{235}
Siedewasser	SWR	11	H_2O	H_2O	hetrogen	schwach bis hoch anger. U_{235}
Homogener	HOM	20	H_2O D_2O	H_2O D_2O	homogen	UO_2SO_4-Lösung U_{235} anger.
Schwerwasser	D_2O	25	D_2O	CO_2 D_2O	heterogen	schwach bis hoch anger. U_{235} und nat U
Organisch		18	org. Verbdg.	Ter-phenyle	hetro-homogen	schwach bis hoch anger. U_{235}
Graphit	GGR	18	Graphit	Luft CO_2 H_2O	hetrogen	nat Uran schwach anger. U_{235}
Spezielle	WGR	4	H_2O Graphit	H_2O	hetrogen	10–90% U_{235}
Natrium-Graphit		2	Graphit	Na	hetrogen	schwach und hoch anger. U_{235}
Intermediär z. Brutreaktor	SBR	15	–	Na	hetrogen	Pu oder hoch anger. U_{235}

Der folgende Zeitabschnitt war gekennzeichnet durch ingenieurphysikalische Arbeiten, besonders für die Entwicklung, Errichtung und Erprobung von Reaktoren der unterschiedlichsten Systeme und damit verbunden die Überprüfung und Angleichung der Reaktortheorie, der umfassenden Grundlagenforschung von seiten der Physiker, Mathematiker und Chemiker.

Eine Übersicht über die im Betrieb befindlichen Forschungs- und Versuchsreaktoren im Jahre 1959 läßt die Breite, aber auch die Gründlichkeit und Vielfalt der wissenschaftlich-technischen Arbeit erkennen (Tafel 1).

Weiterhin waren 1959 die folgenden Kernkraftwerksprototypen in Betrieb mit Leistungen von 5–250 MW_e:

17 GGR; 5 DWR; 2 SBR; 3 D_2O; 7 LWGR

und etwa 40 Schiffsreaktoren (DWR) zum Antrieb von U-Booten und Kreuzern.

Werden die Reaktortypen geordnet nach Moderator und Kühlmittel und werden die verschiedenen Anordnungsmöglichkeiten des Brennstoffes berücksichtigt, so können etwa 50 vernünftige, also arbeitende, regulierbare Reaktortypen realisiert werden [1]. Jedoch war es zu diesem Zeitpunkt noch nicht möglich zu erkennen, welcher Reaktortyp für den sich in schneller Entwicklung befindlichen Kernkraftwerksbau der Favorisierte ist [2].

1969/70 war die Situation schon eindeutig. Die Leichtwasserreaktoren, also die Druckwasser und Siedewasserreaktoren, fast gleich in der Anzahl, waren mit über 50% in den Kernkraftwerken eingesetzt. Bis 1980 hatten sich die in Betrieb befindlichen Leichtwasserreaktor-Blöcke in der Anzahl verdreifacht und am Ende des Jahres 1987 war der in Tafel 2 erreichte Stand zu erkennen [3].

Tafel 2 Anzahl der KKW-Reaktortypen in den Jahren 1960–1980; 1987 nach [(3)]; 1990 geschätzt

Reaktor-Typ	1960	1970	1980	1987	1990
DWR + SWR	5	40	135	311	365
GGR	17	18	22	27	30
D_2O	3	7	12	28	25
H_2O-Graph.	7	8	10	28	25
HTR	–	1	2	3	3
SBR	2	3	4	7	8
Σ	34	77	185	404	456

Am Ende des Jahres 1987 wurden in 26 Ländern 404 Kernkraftwerke betrieben mit einer Bruttoleistung von 317577 MW_e und erzeugten etwa 17% der elektrischen Leistung im Weltmaßstab.

130 Kernkraftwerke waren in der Errichtungsphase mit 123500 MW. Die Tafel 3 vermittelt eine Gesamtübersicht nach [3].

In den USA waren am Ende des Jahres 1987 106 KKW-Blöcke in Betrieb und davon

104 Leichtwasserreaktor-Blöcke, 1 HTR (350 MW) mit einem Lastfaktor von 0,04 (1987) und 1 H_2O-Graphit-Reaktorblock (802 MW) mit einem Lastfaktor von 0,02 haben keinen Einfluß auf die E-Produktion. Diese 2 Reaktorblöcke werden als Versuchsanlage betrachtet. Ein weiterer Einsatz dieser Reaktortypen ist z. Z. nicht erkennbar. Seit der Stillegung der SBR-Anlage Enrico Fermi im Jahre 1966 wird an der Entwicklung der SBR-Anlagen in sehr beschränktem Umfang gearbeitet. Die E-Produktion von Kernkraftwerken hatte 1987 einen Anteil von 18% der Gesamtproduktion.

In der SU sind 28 RBMK (Druckröhren), 25 DWR und 3 SBR-Anlagen in Betrieb. Hier ist besonders auf die große Anzahl der im Bau befindlichen Anlagen zu verweisen. Die E-Produktion aus KKW-Anlagen beträgt 12%.

In Japan sind 36 KKW-Blöcke in Betrieb, und zwar jeweils zur Hälfte DWR und SWR. 1 SBR ist im Aufbau und soll 1995 den Probebetrieb aufnehmen. Die E-Produktion aus KKW betrug 1985 etwa 26% der Gesamtproduktion und soll bis zum Jahr 2020 auf 60% erhöht werden.

In der BRD sind 23 KKW-Blöcke mit 38% (1988) der E-Produktion in Betrieb. Die 2 HTR-Anlagen, Jülich 15 MW_e seit 1967 und Hamm 308 MW_e seit 1985 in Betrieb, müssen als Prototyp-Anlagen besonders erwähnt werden, da sie mit hoher nuklearer Sicherheit und Dampftemperaturen von 600–950 °C betrieben werden. Vermutlich wird sich dieser Reaktor als Prozeßdampfquelle für große Industriekomplexe in den ersten Jahrzehnten des 21. Jahrhunderts durchsetzen.

Frankreich hat 53 Anlagen in Betrieb, davon 4 GGR und 2 SBR, also 47 DWR. Die E-Produktion aus Kernkraftwerken ist auf 70% angestiegen. Im August 1988 konnte ein Spitzenwert von 77% erreicht werden, da die Wasserkraftwerke infolge von Wassermangel nicht voll belastet werden konnten.

In Großbritannien sind 22 KKW in Betrieb, davon 20 KKW mit 38 GGR-Blöcken. Das Kernkraftwerk PFR Dounreay 250 MW, 1976 in Betrieb genommen, eine Schnelle-Brutreaktor-Anlage, hatte 1987 eine Zeitverfügbarkeit von 0,42. 1994 wird diese Anlage stillgelegt und entschieden, ob und wann die Entwicklungsarbeiten für den SBR erneut aufgenommen werden sollten. Ein weiteres KKW mit D_2O als Moderator und H_2O zur Kühlung ist eine Versuchsanlage und wurde 1968 in Betrieb genommen. In der Zukunft sollen DWR-Anlagen zum Einsatz kommen. 2 Anlagen sind im Bau bzw. werden projektiert.

Kanada hat die D_2O-Candu KKW-Anlagen in Betrieb und wird auch in Zukunft bei diesem Typ bleiben.

In Bulgarien wird mit den 5 in Betrieb befindlichen Kernkraftwerken mit einer Leistung von 2760 MW_e über 50% der E-Produktion erzeugt.

In der CSSR sind 8 × 440 MW-Blöcke in Betrieb, 4 × 440 MW_e und 4 × 1000 MW_e-Blöcke im Bau bzw. in der Vorbereitung (Projektierung). 1985 waren 13% der E-Produktion aus KKW zu verzeichnen, 1990 soll die Produktion auf 30%, 2000 auf 53% und 2010 auf 65% ansteigen.

Die VR Ungarn hat 4 × 440 MW_e-Blöcke in Betrieb und 1 × 1000 MW im Bau. Zur Zeit werden ~40% der E-Produktion aus KKW erzeugt.

Tafel 3 Kernkraftwerke der Welt, am Ende des Jahres 1987

Land	Betrieb Anzahl	Br. Lstg. MW	Aufbau Anzahl	Br. Lstg. MW
Argentinien	2	988	1	745
Belgien	8	5720	—	—
Brasilien	1	657	2	2618
Bulgarien	5	1760	1	1000
Bundesrepublik Deutschland	21	19851	4	4326
Deutsche Demokrat. Republik	5	1830	5	2760
Finnland	4	2296	—	—
Frankreich	53	52141	12	16559
Großbritannien	22	13438	5	4007
Indien	6	2330	6	1410
Italien	4	2353	3	2049
Japan	36	28046	12	11174
Jugoslawien	1	664	—	—
Kanada	18	12381	4	3744
Südkorea	7	5808	2	1900
Niederlande	2	528	—	
Pakistan	1	137	—	—
Schweden	12	9908	—	—
Schweiz	5	3034	—	—
Sowjetunion	56	37205	25	26240
Spanien	9	6797	5	4850
Südafrika	2	1930	—	—
Taiwan	6	5146	—	—
ČSFR	8	3458	8	5632
Ungarn	4	1760	1	1000
USA	106	98411	18	22050
Summe	404	317577	130	123509

In den RGW-Ländern Polen, Rumänien und Kuba sind Kernkraftwerke im Aufbau.

Die Auswertung der Tafeln 2 und 3 kann abgeschlossen werden mit der Feststellung, daß 1990 die Kernkraftwerke der Welt zu 80% mit Leichtwasserreaktoren ausgerüstet sind.

Französische Untersuchungen, die alle Komponenten der Preisbildung berücksichtigen, besagen, daß die erzeugte KWh von

Kernkraftwerken mit SBR	45–50 Centimes
Kernkraftwerken mit DWR	23–24 Centimes

Kohlekraftwerken	~35 Centimes
Ölkraftwerken	~60 Centimes

betragen.

Die hohen Kosten der KWh der SBR-Anlagen werden allein durch die 2fachen Investitionskosten gegenüber der DWR-Anlagen bestimmt. Die Brennstoffkosten der SBR-Anlagen betragen etwas $^2/_3$ im Vergleich zu den DWR-Anlagen.

Diese Kostenrelation ist in allen Ländern, die Kernkraftwerke betreiben, zu erkennen, natürlich den nationalen Bedingungen der Länder entsprechend etwas unterschiedlich.

In meinem Vortrag muß ich jetzt die Frage beantworten: „Wie lange oder bis zu welchem Zeitpunkt bleibt der Leichtwasserreaktor der Bestimmende für die Kernkraftwerke bzw. wann wird der „Schnelle-Brutreaktor" zum Einsatz kommen?"

Die Antwort ist einfach, denn der SBR muß zu dem Zeitpunkt zum Einsatz kommen, an dem erkannt wird, daß die Uran-Ressourcen für die Versorgung der Leichtwasserreaktoren nicht mehr ausreichen.

Da die Uran-Ressourcen sehr groß sind, jedoch die Gewinnungskosten in Größenordnungen sich unterscheiden, muß die Einschränkung gemacht werden, daß das Uranerz mit einem Kostenaufwand von 150 $/kg bis 200 $/kg gefördert bzw. gewonnen werden kann, da bei diesen Kosten die erzeugte KWh aus Kohlekraftwerken und Kernkraftwerken gleiche Preise nachweisen.

In den vergangenen 30 Jahren ergab die Abschätzung der Uranreserven im Abstand von 10 Jahren eine Verdopplung. In den letzten Jahren wird eingeschätzt [4], daß 4–5 Mio t Uran erkundet seien, allerdings mit der Einschränkung, daß nur 1/5 der Erdoberfläche überprüft bzw. die Erkundungsergebnisse bekannt sind. Da kein Grund zu erkennen ist, daß auf den anderen 4/5 der Erdoberfläche bedeutend weniger Uran zu finden ist, wird zur weiteren Abschätzung 20 Mio t Uran angenommen.

Ein 1000 MW-Druckwasserreaktor benötigt bei 30 Betriebsjahren 6750–7000 t Natururan. Diese Menge besagt doch, daß 3000 DWR versorgt werden könnten, wobei zu berücksichtigen ist, daß z. Z. ganz grob abgeschätzt, allein schon 400 Reaktoren etwa 17–18% des Elektroenergiebedarfs der Welt befriedigen oder noch eindringlicher, in den OECD-Ländern, die ja den größten Anteil am Verbrauch von Elektroenergie haben, 24% von den Kernkraftwerken dargeboten werden [5].

Die genannten 7000 t Natururan werden auf Grund der notwendigen Anreicherung des Uranisotop 235 auf 4% zu 70 t einsatzfähigen Brennstoff verarbeitet und als Brennelement dem Reaktor zugeführt. Ein jedes Brennelement verbleibt 3 Jahre im Reaktor, das U_{235} wird von 4% auf 1% verbraucht (abgebrannt), und je kg eingesetzten Brennstoffes wird 6,7 g Plutonium erzeugt. Insgesamt sind von den 70 t eingesetzten Brennstoff nach 30jährigem Betrieb noch 0,7 t $Uran_{235}$ und 0,47 t $Pu_{239+241}$ in den ausgebrannten Brennelementen. Dieser Spaltstoff kann nach entsprechender „Wiederaufarbeitung" erneut in den Brennelementen eingesetzt werden und ergänzt somit das Brennstoffangebot.

Eine andere Abschätzung läßt erkennen, daß jährlich 140–150 t Plutonium durch die in Betrieb befindlichen Leichtwasserreaktoren erzeugt werden. Mit dem erweiterten Einsatz dieser Reaktoren wächst entsprechend die Pu-Produktion. Da der Spaltstoffinhalt eines 1000 MW_e SBR 2,5 t Pu beträgt, ist leicht zu erkennen, daß auf Grund des Spaltstoffangebotes jederzeit ein Einsatz der SBR möglich ist und nur allein die ökonomischen Bedingungen, Aufwendungen einer ausgereiften Konstruktion und langjährige Erprobung der Gesamtanlage den Zeitpunkt des Einsatzes bestimmen werden. Da der SBR 60% des Urans nutzt (einschl. des „abgereicherten Urans") statt des 0,5% Anteils des DWR, ist ohne Zweifel der SBR die Energiequelle der künftigen Elektroenergie- und Wärmeversorgung die Alternative zu den Kohle- und Ölkraftwerken.

Daß der Druckwasserreaktor jedoch in dem überschaubaren Zeitabschnitt von 30–40 Jahren für den Kernkraftwerksbau bevorzugt eingesetzt wird, ist damit zu begründen, daß in den vergangenen Jahren, auf Grund der 4500 Betriebsjahre des DWR, der verschiedensten Havarien an KKW, der Forderung nach erhöhter Sicherheit und weitere Steigerung der Effektivität der Elektroenergie-Erzeugung ein erhebliches Entwicklungspotential erkannt wurde. Die Druckwasserreaktoren werden z. Z. in einer 4. Entwicklungsphase durch wesentliche Ergänzungen, die eine Erhöhung der nuklearen Sicherheit, der verbesserten Fahr- und Betriebsweise der Anlage, der schrittweisen Einführung des Naturumlaufes des Kühlmittels im Primärkreislauf, der Anwendung von Systemen und Methoden der Früherkennung von Fehlern und Unregelmäßigkeiten im laufenden Betrieb und auch der verbesserten Brennstoffökonomie, vervollkommnet [5].

Über die Entwicklung und den Einsatz von Mischoxyd-U+Pu-Elementen in Leichtwasserreaktoren hatte ich schon einmal in der Klasse berichtet. Ergänzend soll mitgeteilt werden, daß in einigen Ländern Betriebe zur Produktion dieser Elemente errichtet werden. Ebenso findet in absehbarer Zeit die Forschung und Entwicklung der Laserstrahl-U_{235}-Trennung einen Abschluß durch Errichtung von Prototypanlagen im industriell-technischen Maßstab. (USA, Japan→Frankreich, BRD). Die vor Jahren genannte Energieaufwendungen von KWh/kg UTA von 120 für Laser, 220 für Zentrifugen und 2500 für Diffusions-Anlagen werden bestätigt. Das Laser-Trennverfahren wird als ein sehr effektives Verfahren zur Rückgewinnung des U_{235}-Anteils in den ausgebrannten Brennelementen eingeschätzt. [6]

Als letztes Beispiel möchte ich die Forschungs- und Entwicklungsarbeiten für den Fortgeschrittenen Druckwasserreaktor FDWR nennen. Dieser Reaktor zeichnet sich durch eine kompaktere aktive Zone aus, das Volumenverhältnis von Moderator und Brennstoff wird 1:1, durch die weitgehende Nutzung der thermischen und schnellen Neutronen wird eine Conversionsrate, bei 7–8% Pu-Anteil in dem Brennstoff, von 0,95 erreicht. Dieser Reaktor erbrütet also fast so viel spaltbaren Brennstoff als er verbraucht, ist aber ein Druckwasserreaktor. Abschätzungen besagen, daß dieser Reaktor seine Entwicklungs- und Erprobungsphase bis 2000 abgeschlossen hat. [7]

Es ist gut vorstellbar und auch realisierbar, daß in der zweiten Hälfte des kommenden Jahrhunderts durch den Einsatz von Brutreaktoren, Hochtemperaturreaktoren und Leichtwasserreaktoren in einem Verhältnis, das durch die spezifischen technologischen Eigenschaften und deren vorteilhafteste Nutzung in der Volkswirtschaft bestimmt wird, die Kernenergetik die Energiewirtschaft, die auf der Verbrennung von Kohlenstoffträgern aufgebaut ist, ablösen wird.

In der DDR sind bekanntlich 5 Druckwasserreaktoren in Betrieb mit einer Gesamtleistung von 1830 MW_e. 1989 wird der 5. Block mit 440 MW_e des KKW „Bruno Leuschner“ bei Greifswald den Dauerbetrieb aufnehmen. In den folgenden Jahren werden die restlichen 3 Blöcke dieses Werkes fertiggestellt. Das im Aufbau befindliche KKW Stendal mit 4×1000 MWe-Blockeinheiten soll bzw. muß bis zum Jahr 2000 den Dauerbetrieb aufgenommen haben. Das Kernkraftwerk Rheinsberg, eine Anlage der 1. Generation, wird voraussichtlich 1992 stillgelegt und hat die vorgesehenen Aufgaben für Entwicklung und Produktion voll erfüllt und wichtige Erfahrungswerte vermittelt. Die Elektroenergieproduktion aus Kernkraftwerken beträgt etwa 9,5% und ist somit im Vergleich mit anderen Industriestaaten als gering zu bezeichnen.

Die notwendige Erhöhung der Elektroenergieproduktion von 2%/a bis zum Jahr 2000, die mit der erforderlichen Modernisierung der Industrieproduktion und dem erhöhten Einsatz von Elektroenergie in den spezifischen Materialveredlungsprozessen bei gleichzeitiger Senkung des überhöhten Primärenergieverbrauchs zu begründen ist, kann nur über einen verstärkten Zubau von Kernkraftwerken erfolgen. [8].

Da die abbaumöglichen Braunkohlevorräte auf 20×10^9 t geschätzt werden und die RBK als wertvollster Rohstoffträger für die Kohlenstoffchemie so lange als möglich zur Verfügung stehen muß, sollte das volkswirtschaftlich maximal Erreichbare getan werden, um in den kommenden Jahrzehnten, spätestens bis zum Jahr 2040, die Kohlekraftwerke durch Kernkraftwerke zu ersetzen. Die Tafel 4 zeigt m. E. eine mögliche Variante.

Da, wie schon dargelegt, im Zeitabschnitt von 2030–2040 mit der Errichtung der SBR-Kraftwerke begonnen werden könnte (oder auch muß) und hierfür erhöhte Aufwendungen erforderlich sind, wurde für diesen Zeitraum 8000 MW_e als Zubau

Tafel 4 Installierte Kraftwerksleistung in MW_e in den Jahren 2000–2040

Zeitabschnitt	stillzuleg. Kohle-KW	Gesamt Kohle-KW Leistung	Zubau Kern-KW	stillzuleg. Kern-KW	Gesamt Kern-KW Leistung	Insgesamt
bis 2000	326		7520			
2000		21000			7520	28520
2001–2010	5200		6000	880		
2010		15800			13640	29440
2011–2020	4800		7000	880		
2020		11000			19760	30760
2021–2030	6000		9000	1760		
2030		5000			26900	31900
2031–2040	5000		8000	2000		
2040		–			32900	32900

angenommen. Außerdem ist zu berücksichtigen, daß SBR-Kraftwerke einen geschlossenen Brennstoffzyklus verlangen. Ob dieser Zyklus im nationalen Rahmen mit einigen RGW-Ländern oder zweiseitig mit der UdSSR zu errichten ist, erscheint mir nicht als wesentliche Frage. Er muß errichtet werden und vermutlich ab 2000 für die Aufarbeitung der Brennelemente der Leichtwasserreaktoren und in weiteren Anlagen zu einem späteren Zeitpunkt für die SBR-Brennelemente. Hierfür sind erhebliche Investitionen erforderlich und natürlich auch langfristige Entwicklungs- und Projektierungsarbeiten. Das ist m. E. die wesentliche Frage.

Die Annahmen der Tafel 4 sind in der Abb. 1 noch einmal als Grafik dargestellt. Durch diese Darstellung ist sehr gut sichtbar zu machen, daß der vorgeschlagene Zubau von Kernkraftwerken in den Jahren von 1990—2030 denselben Trend hat, wie die in den Jahren von 1950—1980 errichteten Kohlekraftwerke. Weiterhin ist zu erkennen, daß die Kohlekraftwerke, die entsprechend der Annahme von Tafel 4 bis 2040 stillgelegt werden sollten, etwa $6{,}5 \times 10^9$ t RBK verbrauchen bzw. ohne Kernkraftwerke $13{,}5 \times 10^9$ t. Also etwa $^3/_4$ der Vorräte.

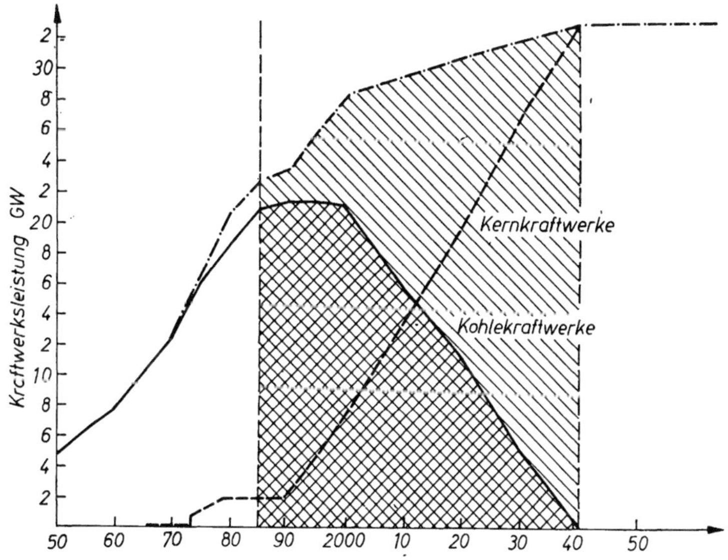

Abb. 1

Besonders sollte in der Darstellung die Annahme beachtet werden, daß ab 2000—2040 mit 1% Zuwachs der Elektroenergieproduktion gerechnet wurde und mit 33000 MWe installierte Leistung eine konstante, gleichbleibende Produktionshöhe, eine „Sättigung", angenommen wird.

Diese Annahme ist sehr spekulativ und sicher ein Minimum.

In den bisherigen Darlegungen sollten nur Kernkraftwerke betrachtet werden. Heizwerke, Heizkraftwerke bzw. die Wärmekraftkopplung wurden in die Abschätzungen nicht einbezogen, da ja nicht die Aufgabe bestand, ein komplexes Energieversorgungsprogramm vorzustellen.

Die erklärte Absicht war, eine Abschätzung zu geben, welcher Reaktortyp in den nächsten Jahrzehnten für Kernkraftwerke in der DDR der dominierende sein wird und daß die Kernenergienutzung auf Grund der beschränkten Vorräte an fossilen Energieträgern die Alternative ist. Auch sollte gezeigt werden, über welchen Zeitraum und wie langfristig sich die Planung für eine Kernenergetik erstreckt.

Ökonomische Betrachtungen und Vergleiche von Kohlekraftwerken und Kernkraftwerken sind bewußt vermieden worden. Ich möchte auf die Ausarbeitungen des Instituts für Wirtschaftswissenschaften der AdW verweisen.

Klaus Fuchs hat sich in den langen Jahren seiner Arbeit und seines Wirkens für die friedliche Nutzung der Kernenergie in der DDR eingesetzt. In 50 Beratungen, die der „Wissenschaftliche Rat für energetische Grundlagenforschung" unter dem Vorsitz von Klaus Fuchs durchführte, hat er ständig für die Förderung und Unterstützung der wissenschaftlichen Arbeit gewirkt, nachhaltig den Aufbau von Kernkraftwerken unterstützt. Dabei ging er immer von einer komplexen Betrachtungsweise aus, die stets die eventuelle Nutzung von alternativen Primärenergieträgern zur Kohle und Kernenergie berücksichtigte.

Als Physiker, der die schreckliche Wirkung der Atombombe kannte, trat er mit Leidenschaft für die umfassende Nutzung der Kernenergie in der Volkswirtschaft der DDR ein. [9]

Literatur

[1] H. Grümm, Aussichten der verschiedenen Reaktorsysteme. Bilanz der Tagung der Schweiz. Vereinigung für Atomenergie (SVA) in Zürich vom 25.–27. 1. 1976.

[2] M. Steenbeck, Kernenergie, 4. Jg., S. 1–8.

[3] Atomwirtschaft, März 1988.

[4] P. Krafft, Schweiz. Vereinigung für Atomenergie (SVA), Bulletin Nr. 11/1987.

[5] A. Protrenko, Die WWER-88 und WWER-92, NUCSAFE 88, Internationale Tagung in Avignon, Frankreich, vom Oktober 1988.

[6] Ebenda.

[7] Nuclear Engineering International, Oktober 1988.

[8] W. Seifritz und R. Charola, Entwicklungsstand des fortgeschrittenen Druckwasserreaktors, Kernenergie, Bd. 30 (1987), Heft 1, S. 18–24.

[9] H. Friedrich, Zur Entwicklung des Elektroenergieeinsatzes aus physikalischer Sicht, in: Aus Arb. Plenum Kl. AdW DDR, Berlin 2/1987.

[10] K. Fuchs, Physikalische Grundlagenforschung und Energiewirtschaft. Jahreshaupttagung der Physikalischen Gesellschaft der DDR, 1973.

Bei Fragen zur Produktsicherheit wenden Sie sich bitte an:
If you have any questions regarding product safety,
please contact:

Walter de Gruyter GmbH
Genthiner Straße 13
10785 Berlin
productsafety@degruyterbrill.com